写给孩子的前沿科技

生物科技

一本书文化／编著

U0207578

贵州出版集团
贵州民族出版社

图书在版编目（CIP）数据

生物科技／一本书文化编著 . —贵阳：贵州民族
出版社，2024.1
（写给孩子的前沿科技）
ISBN 978-7-5412-2817-9

Ⅰ．①生… Ⅱ．①一… Ⅲ．①生物工程－青少年读物
Ⅳ．① Q81-49

中国国家版本馆 CIP 数据核字（2023）第 216578 号

写给孩子的前沿科技
XIE GEI HAIZI DE QIANYAN KEJI

生物科技
SHENGWU KEJI

一本书文化　编著

出版发行：贵州民族出版社
地　　址：贵阳市观山湖区会展东路贵州出版集团大楼
邮　　编：550081
印　　刷：三河市天润建兴印务有限公司
开　　本：710 mm×1000 mm　　1/16
版　　次：2024 年 1 月第 1 版
印　　次：2024 年 1 月第 1 次印刷
印　　张：6
字　　数：80 千字
书　　号：ISBN 978-7-5412-2817-9
定　　价：29.80 元

前　言

嗨，小朋友们！你们知道吗？我们所处的时代正在飞速发展，每一天都有全新的科技小奇迹诞生。想要成为小小探险家，我们要追上这些神奇科技的发展步伐哦！

你们看过火箭飞向太空，或者听说过可以与人聊天的机器人吗？其实，在我们这套《写给孩子的前沿科技》里，你们可以找到这些内容，甚至发现更多酷炫的科技故事哦！这套书共五本，每本都会带你们探索一个特别有趣的科技领域。

我们用通俗易懂的文字和生动有趣的图片，给你们讲述科技小故事。同时，我们还将带你们走进一些非常熟悉的场景，让你们看到科技是如何让我们的生活变得更加精彩的。这样，不仅可以激发你们对科技的好奇心，而且你们还会发现，原来科技是那么好玩和有趣！

希望通过这套书，你们能够发现科技的奇妙和魅力，并且爱上科技。快来和我们一起踏上这段奇妙的科技探险之旅吧！

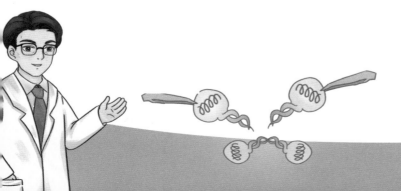

目　录

基因编辑，找到伤害身体的"坏蛋"

王博士和小华来到了一间实验室，实验台上陈列着各种奇怪的实验器皿，显微镜也跟小华家里的那个不一样。一个基因模型吸引了小华的目光。王博士笑了笑说："这是基因排列模型。来，我跟你讲讲关于基因的知识！"

科学家在 1996 年研发出第一代基因编辑技术。此后，直到 2011 年，第二代基因编辑技术才被科学家研发出来，但在两年后的 2013 年，第三代基因编辑技术就出现了。

基因编辑技术在三次变革中，主要应用于育种、治疗人类疾病、构建基因编辑模式动物等方面。

下面就让我们一起来看看吧！

基因

基因是爸爸妈妈传给我们的宝贵"资产"，科学家给它取了一个叫"遗传因子"的名字，它可以影响我们的长相、性格。除了同卵双胞胎外，我们每个人的基因都是独有的，所以大家都不一样。

很多时候，人生病了，其实是我们身体里基因这个家伙出问题了。

我们的身体由无数个细胞组成，比如血液中的血细胞、心脏的心肌细胞、大脑的神经细胞等。其中，部分细胞能帮助我们阻挡病菌和病毒的入侵，我们可以把它们叫作免疫细胞。

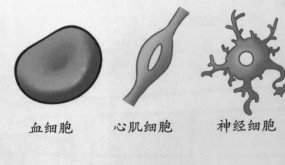

血细胞　　　　心肌细胞　　　　神经细胞

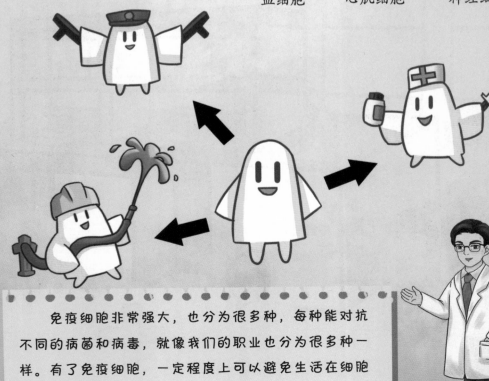

免疫细胞非常强大，也分为很多种，每种能对抗不同的病菌和病毒，就像我们的职业也分为很多种一样。有了免疫细胞，一定程度上可以避免生活在细胞里的基因受到伤害。

基因编辑技术

知道了基因的知识，我们再思考：能不能通过基因编辑技术治病呢？现在我们一起来了解基因编辑技术吧！

第三代基因编辑技术的英文名叫CRISPR-Cas9，它就像一把手术刀，可以对基因进行"手术"。

基因编辑技术

基因编辑技术的原理是这样的：基因，通常是具有遗传效应的DNA（脱氧核糖核酸）片段，它是一串很长的分子，上面排列着一种特殊的化学密码，我们也称这些化学密码为碱基，每段碱基表示一个特殊的信息。当基因上的碱基混乱时，我们就可能生病。

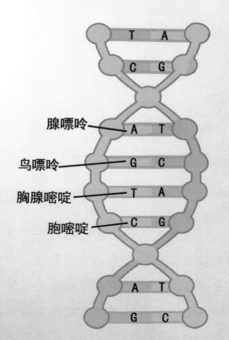

腺嘌呤 —— A   T
鸟嘌呤 —— G   C
胸腺嘧啶 —— T   A
胞嘧啶 —— C   G

当免疫细胞遇到"坏蛋"时，它会释放出一种叫 RNA（核糖核酸）的物质，由 RNA（核糖核酸）指派蛋白质去侦察"坏蛋"的特点，然后再回来告诉免疫细胞，让免疫细胞找到击败"坏蛋"的办法，最后把"坏蛋"消灭。

但是，人体的免疫细胞有时会失灵，这时，我们可以利用基因编辑技术进行"手术"，制造一种可以打败病毒的细胞并注入体内，这样被注入的细胞就可以帮助我们击败病毒这个"坏蛋"了。

人类利用基因编辑的方法可以让细胞变得很厉害，比如利用基因编辑技术可以治疗癌症，可以治疗色盲等遗传疾病。但是基因编辑技术现在还不是很成熟，给细胞做"手术"也可能会失败。而且，基因编辑技术会引发哪些后遗症还是未知的。哪些基因可以修改，哪些基因不可以修改，人类也还在探索中。

发酵能魔法变身

王博士带小华来到实验室，王博士告诉小华："这里有各种各样的微生物，它们能帮我们发酵成多种调味剂和食品。"

王博士告诉小华，发酵技术由来已久，在距今 4 000 多年的中国古代，人们已经学会酿酒。很早以前，西南亚幼发拉底河和底格里斯河两河流域的古埃及人就能烘焙面包了。

17 世纪后半叶，荷兰科学家列文虎克发现微生物后，人们对发酵技术有了科学的认识。而人类正式揭开发酵技术的本质，是在 1897 年。

王博士问了小华一个问题："你知道这些微生物是从哪里来的吗？"

微生物介绍

发酵需要的微生物菌种来自大自然。土壤是微生物的聚集地，我们可以从土壤中提取菌种。

如果采集的土壤样品中我们所需的微生物含量少，我们可以采用富集培养的方法培养土壤中的微生物。按照微生物的习性，将它们放到适合生存的环境里，此时微生物数量就会迅速地增加。

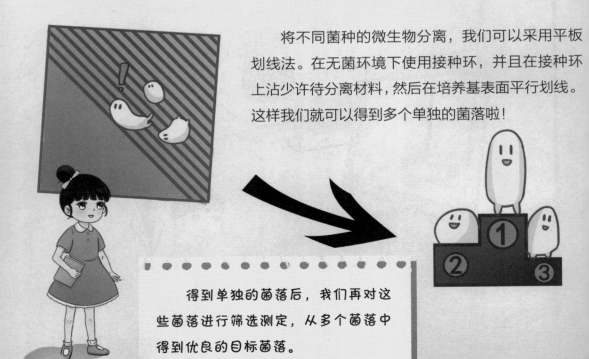

将不同菌种的微生物分离，我们可以采用平板划线法。在无菌环境下使用接种环，并且在接种环上沾少许待分离材料，然后在培养基表面平行划线。这样我们就可以得到多个单独的菌落啦！

得到单独的菌落后，我们再对这些菌落进行筛选测定，从多个菌落中得到优良的目标菌落。

利用微生物制造的食品

我们生活中的许多食品和微生物息息相关，比如酸奶、酒、醋、味精等，你们知道它们是怎么来的吗？

　　醋是经过醋酸菌和粮食发酵得到的。醋酸菌是一种短杆菌，它可以将糯米、高粱、小麦等粮食中的糖类和乙醇氧化成醋酸。

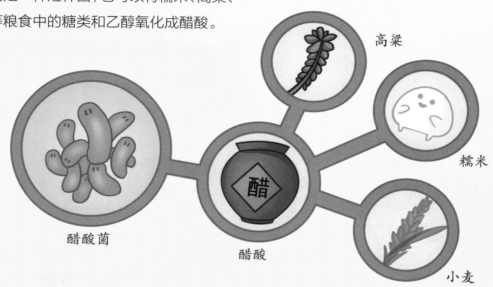

醋酸菌　　　　　醋酸　　　　高粱　糯米　小麦

　　我们早上喝的酸奶酸酸的，是乳酸杆菌的功劳。乳酸杆菌是益生菌，它们讨厌氧气。将乳酸杆菌加入牛奶后，在没有氧气的环境中，它们可以将牛奶中的葡萄糖等糖类分解成乳酸。

乳酸杆菌　　　　　　　乳酸

酒也是经过发酵得来的，酿酒用的酵母菌可以将粮食中的果糖、葡萄糖等单糖吸进自己的细胞里面，然后经过分解，单糖被分解成二氧化碳和酒精。

酵母菌

二氧化碳

酒精

家里做菜时，味精是一种常见的调味剂。味精的主要成分是谷氨酸钠盐，它也是经过发酵得来的。谷氨酸棒杆菌在有氧气和碱性环境下，它们与粮食中的糖还含有氮物质作用合成后得到了谷氨酸钠盐。

谷氨酸棒杆菌

pH＞7

味精

　　发酵是一件神奇的事情，平常的食物经过微生物的分解处理味道会变得独特。每个微生物就像一台小小的加工机器，它们对食物进行加工处理，不仅改变了食物的味道，还增加了一些有营养的物质。

单克隆抗体造免疫盾牌

　　王博士给小华带来了一个新模型，展示了免疫细胞与病毒战斗的全过程。

　　其中提到了抗体技术，第一代抗体——血清多克隆抗体在 1975 年完成升级，形成了第二代抗体——单克隆抗体。此后，单克隆抗体技术的发展日趋成熟，医学和生物领域开始大量应用该技术。进入 21 世纪，人类在生命科学领域对单克隆抗体技术的需求越来越大。

免疫系统

小华看得津津有味。免疫细胞能打败病毒，那为什么我们还会生病呢？王博士说："我来给你介绍一下免疫系统，你或许会找到答案。"

免疫系统是我们身体内的"防御大军"，能够帮助我们抵御外界细菌和病毒侵入，我们生病后也需要免疫系统帮助我们恢复健康。

在我们生病时，免疫细胞十分忙碌，它们成群结队地去寻找致病的病毒，并向病毒发起进攻。免疫细胞在抵抗病毒及消灭坏细胞时会处于比较亢奋的状态，游离在周边的好细胞也会被误伤。

采用单克隆抗体技术得到的靶向细胞能弥补人体本身免疫细胞容易造成误伤的这一缺憾，它能够精准定位需要被消灭的坏细胞，从而帮助人体免疫系统提高消灭被病原体感染的细胞的精准度。

免疫系统在与坏细胞抗争时，我们常常会感觉到口干舌燥，有时候还会发烧，这是因为免疫系统在与"坏蛋"战斗时，需要消耗身体中的大量能量。

单克隆抗体技术

生物体内有很多种细胞，细胞经过很多次有丝分裂后会形成细胞群，由一个细胞分裂形成的细胞群就是一个克隆，即单克隆。

 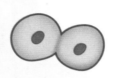

人和动物的血清中分别有由于病菌或病毒的侵入而产生的具有免疫功能的蛋白质。科学家通过将抗原注入人和动物体内，刺激淋巴细胞，在淋巴细胞分化、增殖过程中产生抗体。

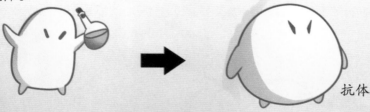

抗体

当我们选定了产生某种抗体的专用淋巴细胞后，将它与能无限分裂的骨髓瘤细胞融合，形成杂交瘤细胞，就可以对杂交瘤细胞进行培养。在这个过程中，细胞不断生长，进行有丝分裂，形成细胞群，专门用于对抗某种致病的病毒或者某种坏细胞，这个细胞群就是单克隆抗体。

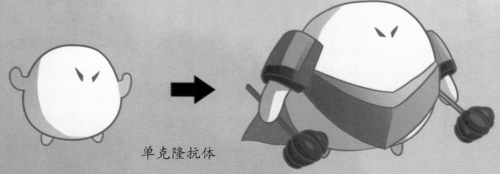

单克隆抗体

有丝分裂是真核细胞分裂产生体细胞的过程，细胞在增殖分裂过程中能够将染色体、纺锤体复制到新生成的细胞中。

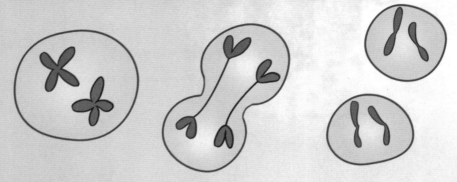

淋巴细胞是一种免疫细胞，也是体积最小的白细胞，能够识别环境中的坏细胞，从而召集免疫大军对抗大"坏蛋"！

看到这里，想必你对人体免疫系统和单克隆抗体都有清晰的认识啦！单体克隆技术在对抗病毒和治疗癌症中都有广泛应用，掌握更多的生物知识，希望你也能为医疗事业的发展贡献力量哦！

根瘤菌是大豆又高又壮的秘密

小华跟着王博士来到农业试验田，她发现大豆植株长得很壮实，挂满了豆荚，大豆地里的草也长得很不错。不仅如此，靠近大豆地的玉米长势喜人，比远离大豆地的玉米长得更好。

这是为什么呢？王博士告诉小华，这全是根瘤菌的功劳！

科学家对根瘤菌的研究从 19 世纪 80 年代就已经开始，弗兰克首先确立了根瘤菌属，并将其分为豌豆根瘤菌、苜蓿根瘤菌、百脉根瘤菌三种。

1988 年中国科学家陈文新发现了根瘤菌的新属——中华根瘤菌，1997 年陈文新实验室又发现了新的根瘤菌属——中慢生根瘤菌。

根瘤菌的分类几经变迁，近几年来不断增加一些新的属种，目前发现共计 17 个属，近 100 个种。

根瘤菌

植物的生长需要靠庞大的根系来汲取营养，大豆植株的根系和其他植物的根系不太一样，它有一个神秘的法宝，科学家称之为"根瘤菌"。

大豆能够长得又高又壮，就是因为根瘤菌能够为大豆植株的生长提供重要的营养物质——氮肥。

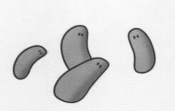

根瘤菌

很多植物植株矮小、叶子发黄，说明它们生长的土壤中缺少氮素，但是大豆植株就没有长不高的烦恼。

大豆植株的根上面有许多大小不一的结节，外表凹凸不平，看起来就像一个个瘤子，根瘤菌就存活于这些结节中。

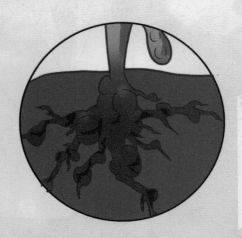

根瘤不是大豆植株自带的，而是在大豆种子发芽的时候，根瘤菌进入大豆植株根系，在生长过程中形成的结节，即根瘤。

根瘤菌造福其他植物

了解大豆长得又高又壮的秘密了，接下来就让我们一起来看看靠近大豆地的植物为什么长得更好吧！

根瘤菌并不是某一种细菌的名字，这是一种特殊的细菌群体，它们可以被制造成根瘤菌剂撒入土壤中，实现农作物增产。

大豆植株和根瘤菌是共生关系，根瘤菌能够将空气中的分子态氮转变为氨态氮，在大豆生长过程中提供大量的氮。

氮气

氮

根瘤是一个由根瘤菌运作的"小工厂"，它不仅为大豆提供养料，还使大豆周边的土壤变得肥沃，从而造福其他植物。

当土壤肥力下降后，我们就可以种植大豆，这样不仅可以收获大豆，还能够恢复并提高土壤肥力。收获大豆后，我们种植其他植物也会长得更好！

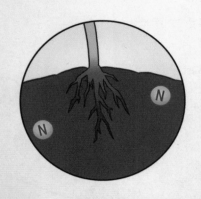
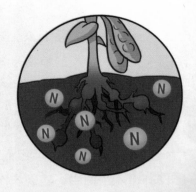

除此之外，由于大豆与根瘤菌的特殊关系，现在人们还可以将大豆与其他植物混合种植，比如玉米和大豆混种，一排玉米一排大豆地种，收获的玉米个头会更大。

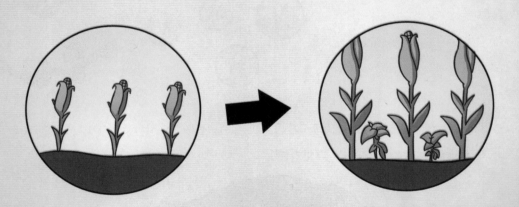

神奇的生物现象能够为我们研究生物提供新方向，我们掌握这些生物知识后能更好地造福人类。大豆与其他植物混种，帮助我们减轻了化肥对土壤的污染，也提高了农作物的产量。更多的生物知识还在探索中，多多观察，善于思考，你也可以发现更多有关生物的秘密哟！

益生菌卫士助我长大

　　王博士给小华带来了人体器官模型，打开胸腔、腹腔的外壳，呈现出气管、肺、肝、胃、肠道、肾等。王博士告诉小华，肠道里住着许多细菌。

　　早在 1899 年，法国科学家就从婴儿的粪便中分离出双歧杆菌。20 世纪初，科学家开始系统研究人体肠道内的乳酸菌。1915 年，乳酸菌已经应用于临床治疗中。

　　这些细菌会对人体造成什么影响呢？

　　我们接着往下看！

人体内细菌

人体内有很多细菌，其中益生菌能够与人和平共处。对于益生菌而言，人的身体就像一幢房子，益生菌在身体里面生活，也帮助我们调节身体。例如，生活在肠道中的益生菌能够帮助改善肠道环境。

当食物经过胃部消化进入肠道后，益生菌就开始工作，它们能够合成消化酶参与肠道消化食物的工作。肠道内的益生菌产生的消化酶种类很多，例如嗜酸乳杆菌，它是一个爱吃乳糖的小家伙，能够分泌出乳糖酶，帮助肠道水解乳糖。

益生菌主要在肠道内存活繁殖，在这个过程中，益生菌合成的维生素能够维持人体机能。例如维生素 B_1 能够使人体正常代谢糖分，帮助消化系统正常工作；维生素 B_2 是细胞生长的必备养分；维生素 K 能够助力人体产生足量的凝血酶，维持人体凝血功能。

人体每天需要摄入一部分矿物质，例如铁、钙、锌等，以维持机体的正常运转。这些矿物质元素需要经过肠胃的消化后才能被吸收，益生菌在这个过程中扮演了重要角色。

肠道是我们身体中聚集细菌最多的场所，不仅有益生菌，也有许多致病菌。益生菌的存在，能够抑制致病菌的数量，维护肠道的健康环境，使消化系统正常运行。

肠道益生菌

肠道内有哪些益生菌呢？

常见的益生菌主要有酵母菌、乳酸杆菌、双歧杆菌等，它们原本就在肠道中存活，属于肠道益生菌中的"原住民"。

酵母菌

乳酸杆菌

双歧杆菌

在生活中，我们有时会受到重金属污染的影响，当我们食用了受污染的食物后，乳酸杆菌就会挺身而出，帮我们吸附重金属离子，保护我们的肠道。

小朋友们的肠道功能有限，在生病时服用某些药物会破坏肠道黏膜，这时医生就会选择将这些药物搭配肠道益生菌进行治疗。例如，当医生在帮助小朋友治疗手足口病时，就会把药物搭配酵母菌，以此来提高小朋友的免疫力，改善肠道环境。

双歧杆菌是肠道合成维生素的得力助手，它能够有效抑制肠道中有害菌的数量，维持肠道基本功能。有了它，我们便能保持健康的肠道环境，排出形态、颜色正常的便便。

当我们感到肚子像气球一样胀胀的时候，我们可以借助肠道中嗜酸乳杆菌的力量来缓解身体的不适，它不仅能缓解胀气，而且可以帮助肠道合成维生素K，并抑制肠道中大肠杆菌的数量。

看到这里，想必大家对益生菌已经有了清晰的认识。自然界还存在很多神奇的微生物等待我们探索，对生命保持敬畏，开动脑筋，去发现这个世界的美好吧！

角膜移植让我又能看见太阳爷爷

    这天，王博士的实验室来了一位特殊的客人，她在一次意外中失去光明。王博士给她介绍了角膜移植术，这项手术能够让她重见光明。

    角膜移植的概念早在 19 世纪 20 年代就已经被科学家提出，而最早的角膜移植术在 19 世纪 40 年代才得以完成。现在角膜移植术经过一个多世纪的发展，它已经比较成熟。

    什么是角膜？角膜移植术又有什么神奇之处呢？

让我们一起来看看！

角膜

角膜是眼睛的重要组成部分，类似于一个照相机的镜头，位于眼球最前方的中间部位。睁开眼睛时，角膜就完全暴露在空气中，当我们看东西时，光线就透过角膜进入眼睛。

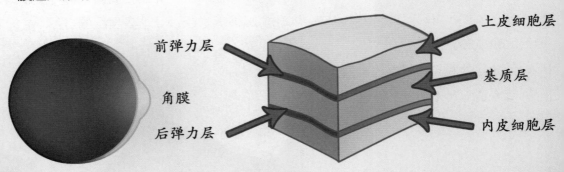

前弹力层

角膜

后弹力层

上皮细胞层

基质层

内皮细胞层

我们的角膜像一片薄薄的膜，中间薄、两边略厚，厚度不足1毫米。角膜分为五层，分别是外部的上皮细胞层、前弹力层，中部的基质层、后弹力层，以及内部的内皮细胞层。

角膜是透明的，它的健康与否直接影响眼睛的视物功能，就像照相机镜头的干净与否会影响照片的清晰度。角膜如果因病变改变了透明度，看东西就会模糊不清，严重时会直接导致失明。

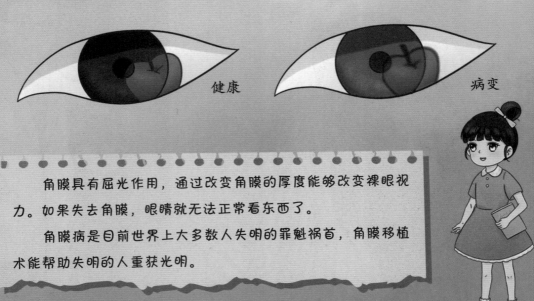

健康

病变

角膜具有屈光作用，通过改变角膜的厚度能够改变裸眼视力。如果失去角膜，眼睛就无法正常看东西了。

角膜病是目前世界上大多数人失明的罪魁祸首，角膜移植术能帮助失明的人重获光明。

角膜移植术

角膜移植术根据角膜病变的情况决定采用具体的操作方案，主要分为将角膜组织全部更换的穿透性角膜移植术、将浅层病变角膜更换的板层角膜移植术、更换角膜深层病变部位的角膜内皮移植术三种。

穿透性角膜移植术   板层角膜移植术   角膜内皮移植术

角膜移植术看起来简单，实则对医生操作要求严苛。医生首先在角膜病变部位周围切一个圆形切口，随后取出病变角膜，并将供体角膜放置进去，最后进行缝合。

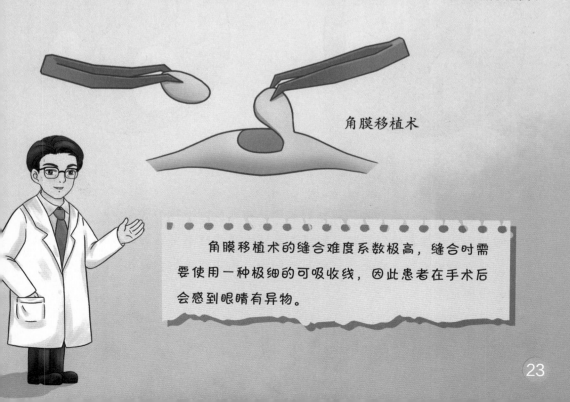

角膜移植术

角膜移植术的缝合难度系数极高，缝合时需要使用一种极细的可吸收线，因此患者在手术后会感到眼睛有异物。

此外，角膜没有血管，它并不被人体免疫系统保护。因此，角膜是眼睛中比较脆弱的部位。但也因为角膜没有血管，机体排斥情况出现的概率小，角膜移植术的成功率很高。

排斥反应是指其他机体的器官或组织通过手术进入受着体内后，受着免疫组织会对其发起攻击，使机体产生不适。

 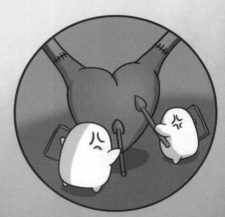

眼睛是我们认识世界的第一扇窗户，如果我们平时不注意用眼卫生，不注意眼部放松，就可能会对眼睛造成不可逆的伤害。好好爱护眼睛，掌握更多的科学知识，希望你今后也能为别人带去光明。

人造器官助我恢复健康

　　技术人员正在为机器人更换零件，小华想："如果我们身体里的器官不能继续工作了，能够更换吗？"王博士一眼就看出了她的心思，说道："人体的部分器官如果衰竭，也是可以更换的。"

　　20 世纪中叶，人造器官开始应用于临床治疗。1969 年，世界上第一颗人造心脏移植成功，虽然仅在患者体内运行了三天，但意义非凡。后来，科学家研制出的人造皮肤在临床应用中也获得成功。

　　那么，人造器官技术究竟是怎么一回事呢？

　　让我们一起来看看！

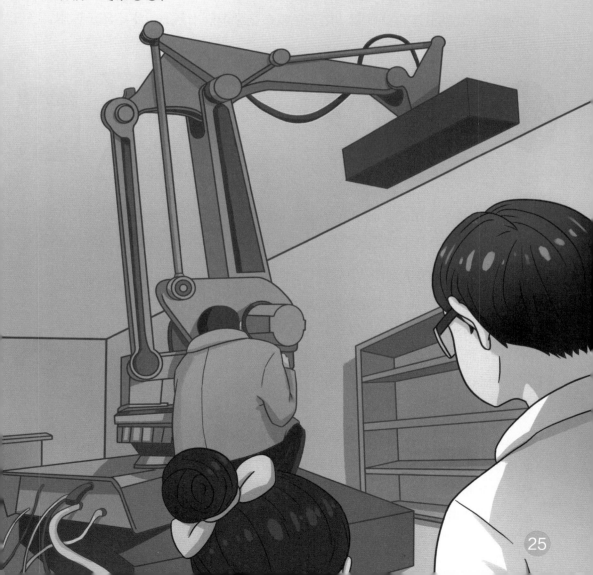

人体器官

人体内的器官不是永不衰竭的，它们有一定的使用年限，如果受到不可逆的损害，就无法再为身体提供服务。例如，常年吸烟会对肺部造成损害，尼古丁、焦油等会严重损害肺部细胞的健康。

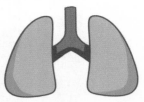 健康肺部

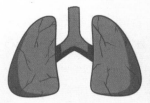 病变肺部

器官移植手术，就是通过手术将身体里衰竭或无法使用的器官取出，然后放入事先配型成功的健康供体器官。由于免疫系统会识别出新器官本不属于这里，往往在手术后会产生排斥反应。

 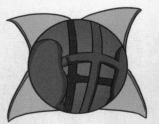 

器官移植手术所需的健康器官有两个来源：一是通过社会捐献获得来自供体的健康器官，这是目前主要的获取方式；二是通过人工制造具有器官功能的人造器官。

目前，科学家能够利用3D打印（三维打印）技术来研发并制造出病人所需要的器官。例如人的耳朵，科学家通过3D打印技术先制造出耳朵的模子，然后注入特殊的胶原蛋白凝胶，经过数周的培养会得到一个人造外耳。

 3D打印耳朵

人造器官技术不仅需要得到一个外观上与原器官一样的人造器官，更需要保证人造器官具有该器官的功能。例如，当前科学家利用3D打印技术培养人造心脏，目的是为需要移植的患者全身供血、供氧。

人造器官技术

当前的人造器官技术能够制造出哪些器官呢?

当前的人造器官所依赖的 3D 打印技术，是用人体内的活细胞为打印原材料打印出所需要的三维仿生组织，能够与可降解聚合材料结合，形成稳定的器官结构，使人体移植人造器官后，血管能够在人造器官中生长，从而代替原器官的功能。

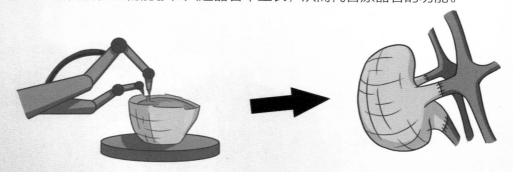

科学家利用 3D 打印技术已经研发出许多人造器官，例如人造颅骨、人造五官、人造皮肤等，极大地缓解了当前人体器官供不应求的困境。

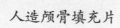
人造颅骨填充片

人造皮肤

人造鼻子假体

除了人造器官之外，他人捐献的器官也是器官移植手术的重要器官来源渠道。器官移植手术难度大，为保证移植成功率，从一开始病人就需要与供体做配型，人类白细胞抗原配型成功是重要的一点。

人类白细胞抗原对肾脏移植的效果影响最大，它就像城门的哨兵，当它发现身体中出现外来的肾脏时，就会通知免疫细胞前来赶走"入侵者"。

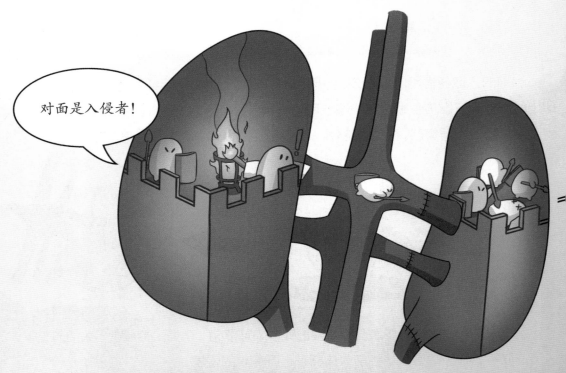

他人捐献器官的保存、移植手术要求高，当供体脑死亡时，需要立即取出器官并尽快完成移植手术。为降低排斥反应强度和提高器官存活率，患者通常需要服用抗排斥药物。

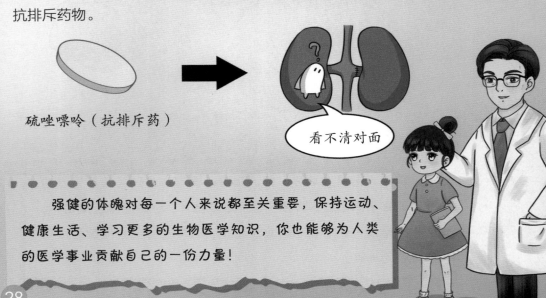

硫唑嘌呤（抗排斥药）

强健的体魄对每一个人来说都至关重要，保持运动、健康生活、学习更多的生物医学知识，你也能够为人类的医学事业贡献自己的一份力量！

杀虫剂杀死破坏稻田的"坏蛋"

　　稻田被一群"坏蛋"入侵了！水稻光滑整齐的叶片边缘被啃得参差不齐，翠绿的枝杈上零星分布着几个小黑点，风一吹，生病的水稻便歪歪扭扭地倒在地上。小华问道："这是怎么回事呢？"

　　王博士说："这是因为病虫害入侵，水稻才会这样，使用杀虫剂就可以解决。"

　　20 世纪 40 年代之前，人们采用天然的方式除虫，包括使用石灰、硫黄以及一些除虫的草本植物。1940 年至 1960 年，科学家研制出有机氯、有机氮类农药。1960 年至 1970 年，人们普遍使用仿生农药。之后，新烟碱类杀虫剂成为主流。

让我们去一探究竟吧！

水稻病虫害

　　水稻在生长的各个阶段会遭受不同病虫害的威胁，主要有稻瘟病、白叶枯病、纹枯病、稻苞虫、稻飞虱等，就像各个年龄段的小朋友容易生不同的病一样。

　　稻瘟病与土壤中的氮肥含量、稻田水量有关，主要是由稻瘟病原菌引发的。发病时，水稻的叶片会出现枯黄的点，枯黄的部分由点向四周散开。

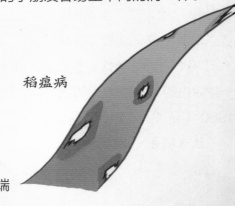

稻瘟病

　　白叶枯病是一种由细菌引起的水稻疾病，发病时最明显的变化在水稻叶片上，叶片尖端发白并卷曲，与绿叶部分泾渭分明。

白叶枯病

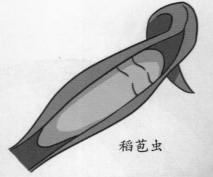

稻苞虫

　　稻苞虫是水稻常见的一种虫害，稻苞虫通常出现在水稻的叶片上，它善于伪装，趴在叶片上时不容易被分辨出来。成虫后会直接在稻叶上吐丝作茧，稻叶会结出一个个绿茧。

稻飞虱

稻飞虱卵块

　　稻飞虱是一种让水稻长不高的虫害。稻飞虱会使水稻的茎部腐烂，从而切断水稻植株的营养输送，患病植株就会长不高，甚至死亡。

杀虫剂

如果不加以重视，每一种病虫害都会导致水稻减产甚至让水稻遭遇灭顶之灾，那我们如何帮助水稻呢？

农学家研制出杀虫剂来帮助水稻健康成长，这是一种针对各种病虫害性状而研制的化学药剂，能够在消灭病虫害的同时又不影响水稻正常生长。

水稻得了稻瘟病就像小朋友患上感冒一样，不仅需要用药治疗，还需要精心呵护。首先，在施肥时就需要注意将氮肥、钾肥、磷肥配合使用，同时对稻田里的水量精准控制。其次，选用三环唑、甲基托布津等药品，根据要求稀释后喷洒。

石灰水浸泡种子

白叶枯病需要从小防治，在播种之前就需要对水稻种子进行处理，利用石灰水浸泡种子。石灰水是碱性的，它能够对种子上的霉菌的菌丝进行消毒。

帮助水稻消除稻苞虫是一种费时费力的工作，为了保护稻苞虫的天敌寄生蜂、蟪类，通常采取人工摘除稻苞虫的方式代替喷洒杀虫剂。只有大面积爆发稻苞虫时，才使用敌敌畏、杀螟松乳油等兑水喷洒。

稻飞虱病根据飞虱的种类分为白飞虱病、灰飞虱病、褐飞虱病，通常使用吡蚜酮、呋虫胺混合喷洒在水稻茎叶上，当害虫接触到药剂后就会逐渐丧失吸食植物茎部汁液的能力。

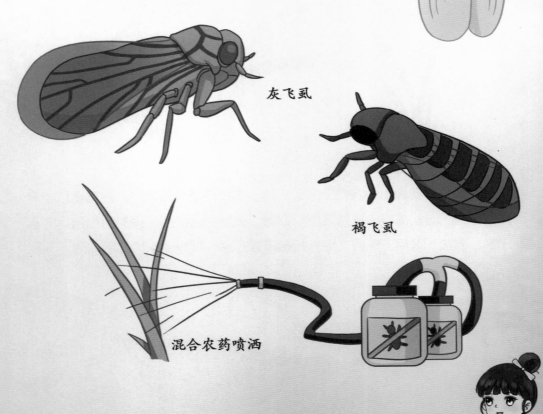

白飞虱

灰飞虱

褐飞虱

混合农药喷洒

水稻是我们赖以生存的重要农作物。掌握更多的农业知识，走进田间地头，仔细观察，你一定能够发现更多有趣的现象！

嫁接技术让橙子树上长橘子

　　果园里的果实都成熟了！王博士指着一棵结满橘子的树神秘地说："这是一棵橙子树！"橙子树上结满了橘子，这究竟是怎么回事呢？

　　其实，这是因为果园的科技人员采用了嫁接技术。早在北魏时期，嫁接技术就已经被运用。北魏农学家贾思勰的《齐民要术》中，就已经向世人介绍了嫁接技术。近代以来，嫁接技术越来越成熟，通过运用嫁接技术，我们改善了许多水果的性状，让它们的口感越来越好。

嫁接技术

植物受伤后具有自愈能力，古人有"连理枝"的说法，指的就是两个树枝受伤后愈合在一起的现象，由此嫁接技术被广泛运用在植物的人工营养繁殖领域。

嫁接技术在蔷薇科果树——苹果树、梨树、桃树等的种植中广泛应用，在橘子树、柚子树等芸香科果树种植中也大量使用。当前，西瓜、番茄等草本植物能够采用嫁接技术来改良品种。

连理枝

蜜蜂在采蜜时将橘子树和柚子树的花粉传播到一朵雌花上，自然杂交长出了橙子，橙子成熟后掉落在地上，种子生根发芽长成了橙子树。

在砧木足够强壮的情况下，也可以将橘子树枝、柚子树枝、橙子树枝等嫁接在同一砧木上，接穗成活后就能够形成一棵树上结出不同水果的奇观。

嫁接后，果树的抗逆性能大大提升，不仅能够抵御寒冷，还不容易生虫、生病，这对果树稳产来说十分有利。

嫁接的具体操作

既然橘子树枝、柚子树枝、橙子树枝嫁接有这么多好处，那我们究竟如何才能将它们嫁接到一棵树上呢？

嫁接就是将某种植物的接穗接到另外一株植物的砧木上，经过生长后切口愈合形成嫁接品种。通常可以在春天开花前，或秋天收获后对植物进行嫁接。

接穗就是用于嫁接的一段枝条，砧木是用来承接枝条的植株。比如将橘子树枝条嫁接到橙子树上，则橘子树枝条是接穗，橙子树枝条是砧木。

嫁接时选取无病害、健康状态较好的砧木和接穗，首先在砧木上斜切一个接口，同时在接穗的下端切出一个斜口，然后将接穗与砧木的切口贴在一起，并用保鲜膜固定。

植物的枝条由内向外分为髓、木质部、形成层、韧皮部、表皮几个部分，完成嫁接步骤后，接穗和砧木形成层的植物细胞会逐渐愈合，形成新的营养输送组织。

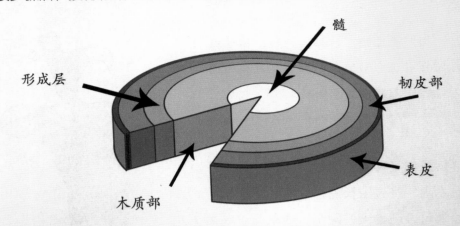

植物和人一样，它们有自己的细胞，也有自己的亲缘关系，嫁接时需要选取同一科的植物，成活率才高。

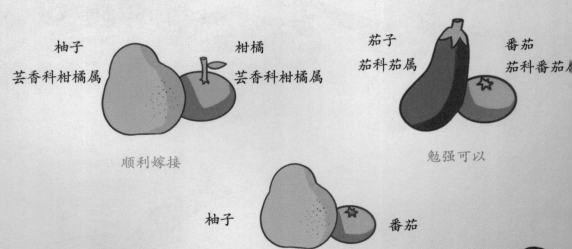

柚子
芸香科柑橘属

柑橘
芸香科柑橘属

茄子
茄科茄属

番茄
茄科番茄属

顺利嫁接

勉强可以

柚子

番茄

完全不行

　　嫁接技术确实很神奇，但并非所有的植物都可以采用嫁接技术来提高品质。自然界还有哪些植物可以通过嫁接技术来提高产量呢？学习更多的生物知识你就能找到答案喽！

疫苗是"大坏蛋"的画像

　　小朋友们来到这个世界时，由于体内免疫系统发育还不完善，他们的身体中没有足够的抗体，身体非常容易受到环境中的细菌和病毒侵害。为了让小朋友们健康长大，每个小朋友出生后都需要在特定的时间去医院接种疫苗。

　　其实，疫苗的发展已经有很长的历史了。王博士告诉小华，世界上第一支疫苗是法国科学家巴斯德研究出的鸡霍乱疫苗。1975 年，我国第一代血源性"乙肝疫苗"研制成功。20 世纪 90 年代，核酸疫苗问世，这标志着第三次疫苗革命开始。

　　疫苗究竟是如何研发出来的呢？让我们一起来看看！

疫苗研发

从已经感染病毒的样本中分离出病毒的毒株是研发疫苗的第一步，当科学家获得一定数量的毒株之后，需要从中挑选出生命力强、抗原性好的毒株进行培养。

提取毒株

挑选出合适的疫苗毒株，科学家就会开始大规模培养病毒。这里需要利用细胞培养，因为病毒需要在活细胞内进行自我复制，直到突破细胞。

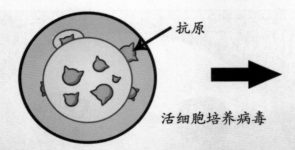

抗原

活细胞培养病毒

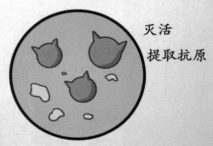

灭活
提取抗原

培养得到的病毒还需要进行大规模繁殖，科学家会收集病毒液，并通过加热的物理手段或者化学手段对病毒进行灭活处理。经过灭活后的病毒已经死亡，但是抗原完好。

经过灭活的病毒原液还需要进行纯化，主要是通过物理、化学以及生物方法将病毒原液中的杂质去除，最终留下高纯度的病毒原液并进行鉴定。

提纯得到疫苗

通过以上步骤得到的病毒原液就是我们所说的疫苗，科学家还需要将它们用于动物实验，以此来检测疫苗的安全性、有效性。动物实验完成后，科学家会将其投入临床试验，经过评估确定疫苗安全、有效后，疫苗就可以大规模接种。

疫苗在体内发挥作用的过程

接种疫苗后，它们如何在小朋友体内发挥作用呢？

小朋友们刚来到这个世界时，身体内的免疫系统还很新，很多病毒都没有接触过，因此不具备相应的抗体。打疫苗就是一个让免疫系统熟悉病毒并产生高浓度抗体的过程。

免疫系统包括免疫器官、免疫细胞、免疫分子三部分，免疫细胞就居住在免疫器官中，主要的免疫细胞有 B 淋巴细胞、T 淋巴细胞以及由 B 淋巴细胞分化出的浆细胞等。

B淋巴细胞　　　　　　　　T淋巴细胞　　　　　　　　浆细胞

当疫苗进入小朋友体内后，抗原提呈细胞会第一个发现病毒抗原，识别并摄取抗原分子。当抗原提呈细胞完成识别工作之后，就会将信息传递给 T 淋巴细胞。

T淋巴细胞获取抗原信息

T 淋巴细胞与抗原提呈细胞接触，获得病毒抗原信息后，它就会被激活，紧接着病毒抗原信息会被 T 淋巴细胞传送给 B 淋巴细胞，B 淋巴细胞活化后就会开始增殖，产生浆细胞、记忆 B 淋巴细胞。

T淋巴细胞与B淋巴细胞
共享抗原信息

B淋巴细胞生产
浆细胞与记忆B淋巴细胞

浆细胞会产生抗体对付病毒抗原，记忆 B 淋巴细胞会对这种病毒进行记忆，当人体感染该病毒后，免疫系统能够快速产生大量抗体。

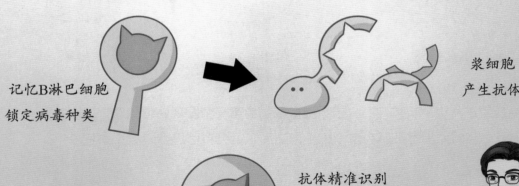

记忆B淋巴细胞
锁定病毒种类

浆细胞
产生抗体

抗体精准识别
并结合指定病毒

打疫苗是许多小朋友都经历过的事，掌握更多的生物知识，我们可以通过研发疫苗帮助人类更好地延续下去！

降解剂"融化"一切白色垃圾

　　春天来了，小华跟着王博士一起在花坛播撒草籽。小华在翻地的过程中，发现地里有很多塑料垃圾。这些埋在泥土里的塑料究竟什么时候才会消失呢？土里都是塑料垃圾，小草要如何才能健康长大呢？

　　1862 年，英国科学家以纤维素为原料制成热塑性塑料，由此可见人们对可降解塑料的研究由来已久。19 世纪 80 年代末期，以牛奶为原料的生物可降解塑料问世。20 世纪 90 年代末，以玉米为原材料的可降解塑料问世。

让我们一起来看看吧！

塑料制品的降解

塑料制品在我们的生活中应用广泛，通常包括聚乙烯材料、高密度聚乙烯材料、低密度聚乙烯材料、聚丙烯材料、乙烯－醋酸乙烯材料等。

塑料的化学性质比较稳定，泥土中的塑料无法在短时间内消失，在自然环境状态下，普通塑料垃圾的完全降解需要花费 200~1 000 年。

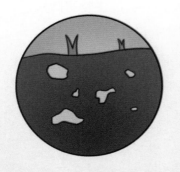

塑料袋、塑料瓶在泥土中变成碎片之后，也会以分子形态存在很长时间，对土壤造成化学污染。土壤中含有塑料，雨天雨水的渗透速率会减小，草吸收水分和营养的难度都会增加，从而造成草量减少。

植物的根系在吸收水分过程中，泥土中的塑料微颗粒会乘机进入植物体内。科学家近些年的研究成果，证实了植物茎中含有微塑料，由此可见，土壤中的微塑料对植物的影响很大。

污染植物

动物误食后，
无法顺利排出

食草类动物如果吃下这些受微塑料污染的草，微塑料就会进入食物圈。塑料在人和动物的代谢过程中都难以排出体外，因此会在体内留存。当前科学家已经在人体母乳中检测出微塑料。

塑料降解剂

塑料留存在泥土中的危害这么大，我们究竟如何才能快速"消灭"它们呢？

塑料降解剂是现在普遍用来解决白色污染问题的一类添加剂，根据各种塑料的性质以及降解塑料的方法差异，塑料降解剂分为生物降解剂、光降解剂、热降解剂、水降解剂等。

玉米淀粉可以制成生物降解剂，含生物降解剂的塑料制品可以被微生物分解。

生物降解剂的主要成分是淀粉等碳水化合物，在塑料制品制作过程中，生物降解剂被大量添加进去。这样制造出来的塑料制品在大自然中能够在短时间内被真菌、细菌等分解，从而减少对环境的污染。

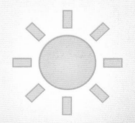

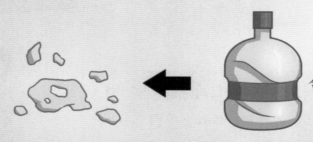

含光降解剂的塑料制品在紫外线照射下加速降解

光降解剂的原理更加奇特，添加了光降解剂的塑料制品，在紫外线的照射下，该塑料制品的稳定性就会逐渐丧失，从而使该类塑料制品加速降解。

热降解剂的主要成分是有机过氧化物，这种化学成分受热就会开始活跃，使塑料大分子的稳定性变差，从而使塑料制品加速分解。

含热降解剂的塑料制品遇热加速分解

水降解剂通常被用于生产医用卫生用具，在塑料中添加吸水性物质，当这类塑料被放入水中时，就会开始溶解。

含水降解剂的医用水溶袋于水中溶解

虽然这些降解剂能够加速塑料的降解，但是降解剂本身对环境也有一定污染。因此，小朋友们一定要养成不乱丢垃圾的好习惯。爱护环境，好好学习，掌握更多的生物知识，成为一名光荣的地球卫士吧！

酶超人无处不在

　　小华看着忙碌的王博士，叹了一口气说道："如果这世界上有个什么都能干的机器能帮王博士工作就好了。"

　　王博士笑嘻嘻地说："这个世界上还真有一种技术很多活都能干，它就是酶工程，这是由各种各样的酶组成的工程队。"

　　20 世纪 70 年代以后，随着固定化酶技术的发展，酶工程逐渐在工业生产领域发挥巨大作用。近年来，随着第三代酶——固定化多酶系统的确立，酶工程在各个领域的应用效果得到科学家的肯定。

让我们一起来看看吧！

酶

　　酶是一种神奇的生物大分子，它们具有高效的催化功能。酶工程就是人类利用酶来生产产品的一种技术。

　　酶可以用在食品加工中，白酒、啤酒酿制过程中的发酵环节就需要葡萄糖淀粉酶的助力。它能够将淀粉水解为葡萄糖，提高啤酒的发酵度，提升白酒的出酒率。

　　在轻工业领域，酶也被广泛利用。在生产护肤品时，溶角酶就具有十分出色的促进代谢能力。将从木瓜中提取的木瓜溶角酶加进护肤品中，能够促进皮肤新陈代谢，使皮肤维持一种健康的状态。

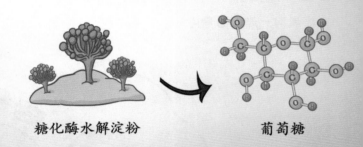

糖化酶水解淀粉　　　　　　葡萄糖

　　在医疗过程中，医生利用酶来清除血液中的废物，帮助病人拥有健康畅通的血管。此外，当前临床使用的检测试剂中也有酶的身影，它能帮助医生精确快速地找出体内的某些代谢物。

　　酶也是帮助人类解决能源危机的帮手之一，在生物燃料的制备过程中，酶是得力干将。

酶的特性

我们需要了解酶的特性才能更好地利用酶，让我们一起来看看酶有哪些特性吧！

酶干活的过程，就是一次次化学反应的过程。酶在反应中就像一个搬运机器人，不停地搬运东西，在搬运工作完成之后，酶的数量、能力都不会变化。

酶的活力会受温度的影响，当反应温度过高时，酶的催化能力会降低，如果反应温度持续升高，酶会失活继而丧失催化能力。

温度过高时酶的催化能力降低

环境的酸碱性也会影响酶的活力，如果反应的环境属于过酸过碱性环境，酶就无法正常发挥作用，它的活性会大打折扣甚至会丧失催化能力。

酶具有专一性，一种酶只能参与催化一种或者一类化学反应，例如酯酶只能参与到水解酯类的化学反应中。

如果想得到酶，我们需要首先明确该种酶的结构式，再借助分离纯化法、生物合成法、化学合成法等方式将酶提取出来。

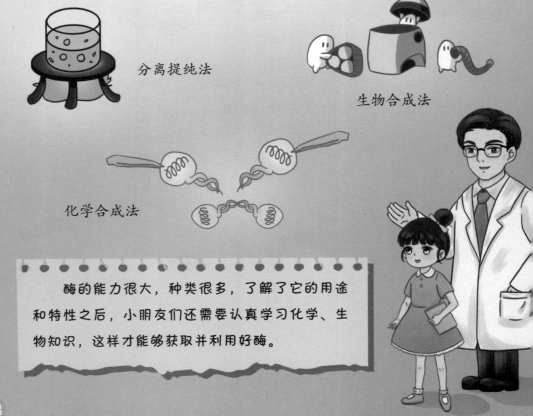

分离提纯法

生物合成法

化学合成法

酶的能力很大，种类很多，了解了它的用途和特性之后，小朋友们还需要认真学习化学、生物知识，这样才能够获取并利用好酶。

快速和准确是基因芯片的关键词

王博士带小华去医学科普馆参观，小华对医生确定疾病的过程产生了浓厚的兴趣。

王博士告诉小华："人体疾病在被发现时，器官往往已经发生病变，可能会形成肿瘤，但是肿瘤不是突然出现的，也是慢慢形成的。"

如何更早地发现疾病的踪迹，避免肿瘤形成呢？这就需要使用基因芯片技术。

世界上第一张基因芯片在 20 世纪 90 年代初诞生，此后，诊断白血病的基因芯片、全基因组芯片等相继问世，基因芯片的载体、检测技术也在不断发展。进入 21 世纪以后，第二代测序技术也开始发展，当前基因技术的研究已经取得了很大突破。

让我们一起来看看吧！

基因芯片

基因芯片是一种将生命的信息集成到载体上的生物芯片，承载了大量固定排序的DNA（脱氧核糖核酸）片段，具有微型化、集成化等特点。基因芯片技术是一种高效、快速的核酸序列分析手段。

打印式基因芯片是将合成出的基因芯片液体均匀地喷到载片上，类似于喷墨打印机的操作方式。

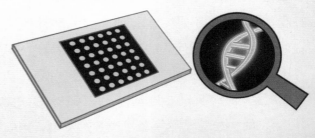

原位光刻合成基因芯片是将一个个基因片段合成，并采用激光打印技术放到载体上合成基因芯片。

基因芯片的载体分为固态载体和膜性载体。固态材料能够承载更多的样品，包括玻片、硅片、瓷片。滴在膜性材料上的样本容易流动，样本数量少时可以选择膜性材料。

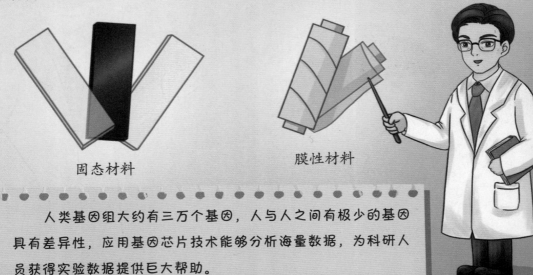

固态材料　　　　　　　　膜性材料

人类基因组大约有三万个基因，人与人之间有极少的基因具有差异性，应用基因芯片技术能够分析海量数据，为科研人员获得实验数据提供巨大帮助。

基因芯片应用

基因芯片技术从 20 世纪 90 年代发展到现在，它究竟可以应用在哪些方面呢？

医学上基因芯片技术主要使用在单基因疾病、多基因疾病检测方面，传统临床检测技术只能从器官上发现端倪，但基因芯片能够从分子水平监测人体内基因的变化。

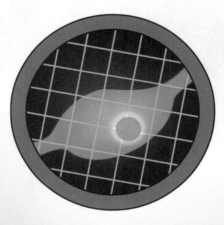

动植物检疫工作也常采用基因芯片技术，基因芯片技术能够精准识别动植物种类，在防止外来生物入侵、鉴别新发现物种的过程中使用率很高。

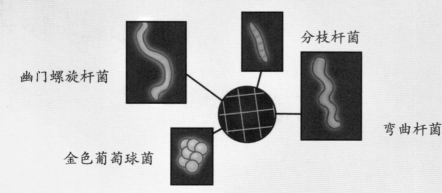

幽门螺旋杆菌

分枝杆菌

弯曲杆菌

金色葡萄球菌

基因芯片技术在军事方面也有很大用处。基因芯片技术能够对军事领域的重要工作人员进行基因检测，防范高科技间谍入侵，保护国家军事安全。

基因芯片技术在科学研究领域的应用极其广泛，利用基因芯片技术能够识别特殊的单核苷酸多态性，识别基因组中基因之间微小的不同序列。

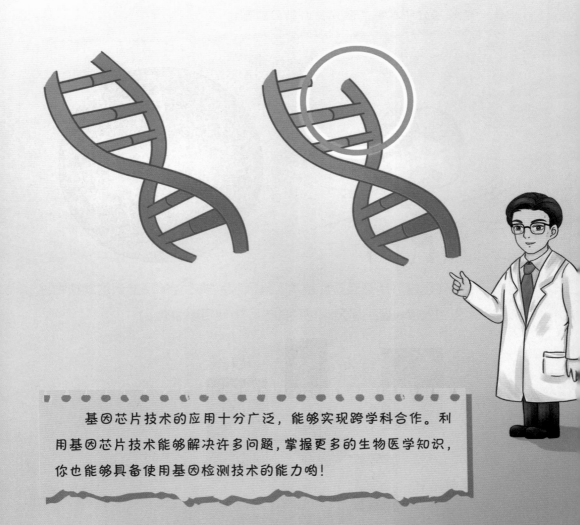

基因芯片技术的应用十分广泛，能够实现跨学科合作。利用基因芯片技术能够解决许多问题，掌握更多的生物医学知识，你也能够具备使用基因检测技术的能力哟！

生物"吐"出有用的氢气

王博士告诉小华："大自然中的生物废料都能够被再次利用，它们能够'吐'出人类所需的重要气体——氢气。"

这究竟是怎么回事呢？小华仔细查找资料后发现，王博士所说的正是生物质制氢技术。

20 世纪 70 年代开始，科学家们就开展了生物质制氢技术的一系列研究，直到 21 世纪初，生物质制氢技术才在美国实现商业化应用。目前，生物质制氢技术还在不断地探索发展中。

让我们一起来看看吧！

生物质制氢技术

当前，氢气是化石燃料的主要替代品，化石燃料是不可再生资源，而化石能源又是氢气的主要来源之一，因此研究绿色的制氢方式十分重要。

生物质制氢技术是一种绿色、高效的制氢技术，主要是利用生物质在代谢过程中产生氢分子，包括光发酵制氢、暗发酵制氢、热化学制氢、光解水制氢等方式。

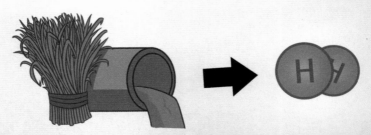

秸秆、废水等生物质制氢，可以采用暗发酵、光发酵以及热化学手段。其中，热化学手段制氢获得的是蓝氢，暗发酵、光发酵手段获取的氢气为绿氢。

水制取氢气，主要采用光解水的手段，通常在制氢过程中会加入微生物，以提高制取氢气的速率。以光解水方式获取的氢气为绿氢。

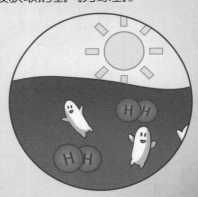

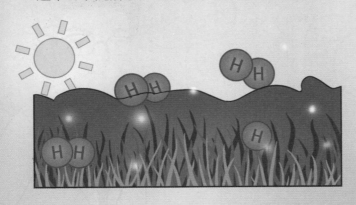

生物质制氢的灵感来源于植物的光合作用，植物光合作用的过程中，绿藻能够利用光合作用产生氢气，这种植物的代谢手段，给科研人员提供了研究方向。

微生物催化制氢

如何提高生物质制氢的效率呢？

在制氢过程中，微生物的参与能够有效提高制氢效率。

氢化酶

氢化酶是一种能够催化生物体内氢化作用的酶，通过基因突变技术改变氢化酶的不耐氧性，能够有效提高制氢效率。

豆血红蛋白

豆血红蛋白能够输送氧气，因此，科学家利用豆血红蛋白来帮助绿藻转移一部分氧气，从而提高氢气生产效率。

产氢能力最大的菌是产乙醇杆菌属，它的代谢能力强，制氢效率高，能够应用在规模制氢活动中。

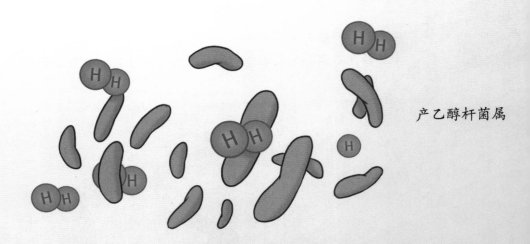

产乙醇杆菌属

采用混合菌、连续流的制氢方式，能够有效提高产氢率。这种制氢方式主要是保持混合菌与制氢原料充分接触，从而缩短制氢时间，提高制氢速率。

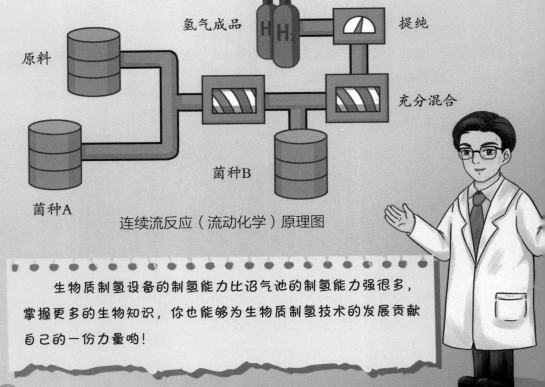

连续流反应（流动化学）原理图

生物质制氢设备的制氢能力比沼气池的制氢能力强很多，掌握更多的生物知识，你也能够为生物质制氢技术的发展贡献自己的一份力量哟！

生长激素让我们快速长高

小华的哥哥身高有一米八，可小华的身高比同龄人矮了很多，小华很苦恼，难道她真的长不高了吗？王博士告诉她："在医生的指导下使用生长激素能够帮助长高。"

这是怎么一回事呢？

其实，早在 1958 年，科学家就从人的脑垂体中成功提取生长激素。20 世纪80 年代之后，生长激素的包涵体研究不断发展。20 世纪 90 年代之后，科学家们又对生长激素的配套注射设备进行研究。当前对生长激素的应用，已经有了一套完善的设备和成熟的方案。

让我们一起来看看吧！

生长激素

生长激素是由人体脑垂体前叶分泌的一种肽类激素，它能够通过血液运输等方式到达器官、肌肉、骨骼等部位，并促进这部分人体组织生长发育。

生长激素也是人体强健的神秘帮手，当人体受到损伤，例如骨折，就需要生长激素的帮助。生长激素能够使受损骨头愈合，甚至使受伤区域的骨骼恢复得比受伤前更加好。

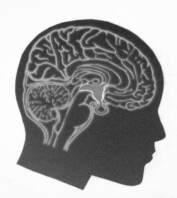

下丘脑

生长激素是身体的青春之源，充足的生长激素能够保留体内的蛋白质，使身体组织保持年轻状态，从而延缓衰老。如果人体的生长激素分泌过少，人的衰老速度就会变快。

人体肌肉组织的生长也需要依靠生长激素的助力，人体肌肉的含量主要取决于生长激素与睾丸素共同作用状况，生长激素也是脂肪燃烧的重要助手。

随着年龄的增长，人体生长激素的分泌水平会下降，这也是人会衰老、停止生长的重要原因。

增加生长激素分泌的方法

如何自然增加生长激素的分泌呢？让我们一起来看看！

高质量的睡眠对生长激素分泌是很重要的。生长激素通常在人进入深度睡眠的状态下才会大量分泌，因此保持充足的睡眠是保证人体能够分泌充足生长激素的重要方式。

大量食用糖和加工食品后，人体内的胰岛素含量会显著增加。科学家已经证实，当人体内的胰岛素水平高时，生长激素的分泌水平就会显著降低。因此，保持健康的饮食习惯十分必要。

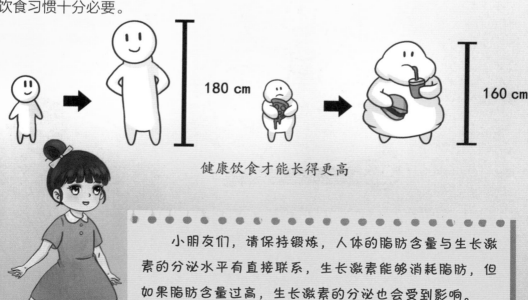

180 cm

160 cm

健康饮食才能长得更高

小朋友们，请保持锻炼，人体的脂肪含量与生长激素的分泌水平有直接联系，生长激素能够消耗脂肪，但如果脂肪含量过高，生长激素的分泌也会受到影响。

长期处于压力状态，人体内就会分泌出大量皮质醇，皮质醇会抑制人体生长激素的分泌，因此，保持良好的情绪状态有利于生长激素的分泌。

适量的运动能够唤起身体分泌生长激素。在运动中，身体机能被激活，生长激素的分泌水平能够得到有效提高。慢跑就是一种促进脑垂体前叶分泌生长激素的有效方式。

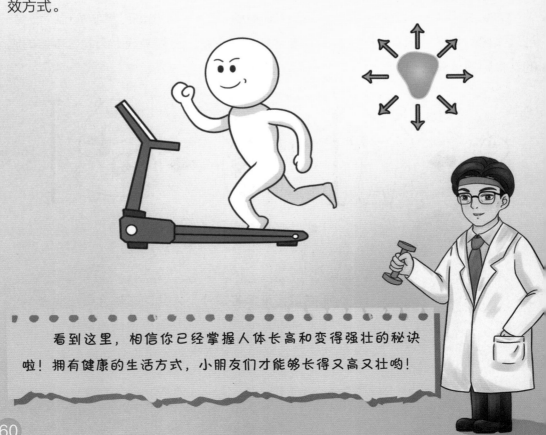

看到这里，相信你已经掌握人体长高和变得强壮的秘诀啦！拥有健康的生活方式，小朋友们才能够长得又高又壮哟！

牙齿再生术

当前，种植牙技术已经趋向成熟。此刻，医院的医生正在对王博士进行种植牙手术。小华十分疑惑：究竟如何种一颗牙？种出来的牙齿牢固吗？

种植牙技术在 1891 年就获得专利，经过几十年的发展，1952 年瑞典科学家发现了钝钛材料的骨整合现象，并将其用于制作种植牙根，这是口腔医学史上最伟大的发现之一。

经过科学家坚持不懈的探索，当前种植牙技术已经有了一套系统的理论和成熟的操作技术。

让我们一起来看看吧！

种植牙过程

种植牙并不是让一颗新牙长出来，而是将一颗烤瓷牙植入牙床，通过一系列的治疗手段让植入的牙齿牢固并能够满足长久使用的需求。

种植一颗牙齿并不是一次手术就能完成的。在第一次手术中，医生需要对原牙齿及口腔健康情况进行评估，随后进行拔牙。拔牙后会对牙槽窝进行清理，放入胶原塞。

第二次手术在第一次手术的 4~6 周后，医生首先需要剥离牙槽窝周围的黏骨膜，将软组织与骨面分离，测量好牙窝的长和宽，利用合适的螺旋头预备种植窝，并用深度探针确定好深度和轴向，无误后旋入种植体。

种植体平台准备好后，医生需要旋入愈合槽，将愈合材料填补至牙槽窝并覆盖上胶原膜，用不可吸收线进行缝合并戴上临时牙冠，为烤瓷牙旋入做好准备。

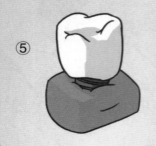

经过 8 周左右的恢复生长，医生就开始第三次手术。首先取下愈合帽，在愈合槽中放入更长的愈合帽，经过几天的恢复，就可以将定制的烤瓷牙旋入种植体，整个种植手术就结束了。

种植牙手术材料

在治疗过程中，医生是如何引导软组织朝着预期方向生长的呢？

　　胶原塞是一种可以被人体组织吸收的材料，能够快速止血和促进组织恢复。胶原膜为薄膜状，与胶原塞的功能一样。

胶原塞与胶原膜

　　第一次术后，牙槽窝形成的角化黏膜会逐渐被吸收，唇侧骨壁也会被逐渐吸收形成缺口，软组织会长进牙槽窝里。

软组织长进牙槽窝

愈合材料

　　第二次手术中，使用的愈合材料是由病人牙槽窝周围的血液、骨屑加入牛骨骨屑制成的。医生先将牙窝周围的血液提取出来，放入无菌培养皿中，紧接着从暴露出来的骨面刮取适量的骨屑与培养皿中的血液混合。将获得的组织材料用生理盐水稀释，取适量混合组织加入牛骨碎屑，最终制成愈合材料。

第二次手术时，医生在种植体唇侧制造两处缺损，在种植体唇侧骨面上留下滋养孔，这是为了引导软组织再生长，与骨面更好地愈合在一起。

缺损与滋养孔

第三次手术中愈合体的更换也是为了引导牙龈组织更好地贴合义齿。经过几次引导生长后，牙龈软组织才能完美贴合烤瓷牙，牢牢"抱住"种植牙。

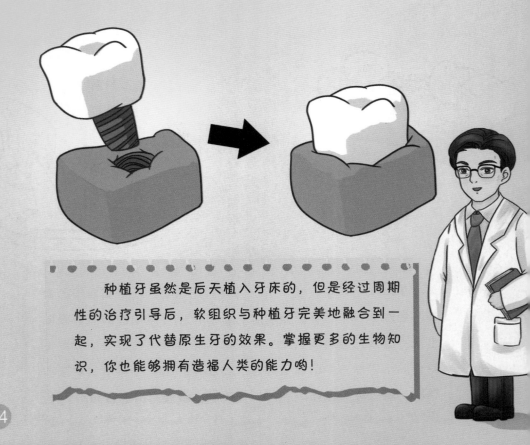

种植牙虽然是后天植入牙床的，但是经过周期性的治疗引导后，软组织与种植牙完美地融合到一起，实现了代替原生牙的效果。掌握更多的生物知识，你也能够拥有造福人类的能力哟！

农作物更爱的控释肥

王博士在春天种下了许多玉米，眼瞅着夏天都快过去了，王博士还没给玉米地施肥，这可把小华愁坏了。

其实，王博士在播种的时候，就已经放好肥料了。能够长时间不再施肥，是因为王博士使用的是控释肥。

20 世纪 60 年代末，中国科学家李庆逵成功研制出碳酸氢铵粒肥。随后，缓释碳胺肥料、缓释尿素肥料陆续问世。

20 世纪 80 年代末至 90 年代初，控释肥的包膜材料成为研究热点，沥青石蜡包膜、可降解树脂包膜相继问世。不久，钙镁磷包裹尿素复合肥、水稻专用缓释复合肥也问世了。

让我们一起来看看吧！

控释肥

给农作物施肥是一项技术活，施肥不够农作物无法正常生长，施肥过多农作物徒长，植株过高容易倒伏。一次性施肥过多，植株容易出现烧根，导致死亡。

过量施肥

控释肥是一种新型肥料，这种肥料放入泥土中后，它的养分并不是一次性释放出来，而是随着时间的推移逐渐释放到泥土中被农作物吸收。

包膜技术

控释肥的研发主要利用了包膜等，能够使养分的释放速率变慢。在肥料中加入抑制剂，使肥料颗粒的分解时间变长，这样能够保证持续供给植物日常所需的养分。

溶剂型包膜　　　　　　反应层包膜　　　　　　无溶剂超薄包膜

控释肥的包膜包括溶剂型包膜、反应层包膜、无溶剂型超薄包膜三种。当前用无溶剂型超薄包膜最多，这是一种能够完全降解的包膜材料。

当前常用的控释肥抑制剂包括脲酶抑制剂、硝化抑制剂两种。脲酶抑制剂能够通过降低土壤中脲酶的活性来实现延长尿素水解时间；硝化抑制剂具有固氮作用，能够减少氮肥的流失。

控释肥制造

在制造控释肥的过程中需要用到哪些技术呢？

运用异粒变速控释肥技术制造的肥料是一种让人省心的控释肥，王博士的玉米地里用的就是这种肥料，它能够随着农作物的生长适时提供需要的养分，是一种智能型肥料。

种植农作物时使用异粒变速控释肥，从播种到收获仅需施一次肥。异粒变速控释肥按农学家给出的养分需求表进行配比，并且根据植物生长周期设定肥料的释放速度。

层层包裹控制肥料释放速度

采用水溶性包膜控释肥技术制造的肥料，主要采用水溶性树脂作为肥料颗粒的最外层包膜，这种肥料的包膜并不是只有一层，里面使用脂溶性树脂包裹其他养分，层层包裹控制肥料的释放速度，肥料能够在一年半左右的时间里持续为农作物提供养分。

水溶性树脂是一种能够完全溶于水的材料，进入泥土中分解速度较快，因此经常被用作肥料的最外层包膜。脂溶性树脂降解速度慢，能够满足植物后期肥料需求。

脂溶性树脂内层

水溶性树脂外层

采用复式包裹混肥技术制作的肥料颗粒有保效层和长效层，以尿素为颗粒核心，通常包裹农作物常需的磷、氮等多种元素。

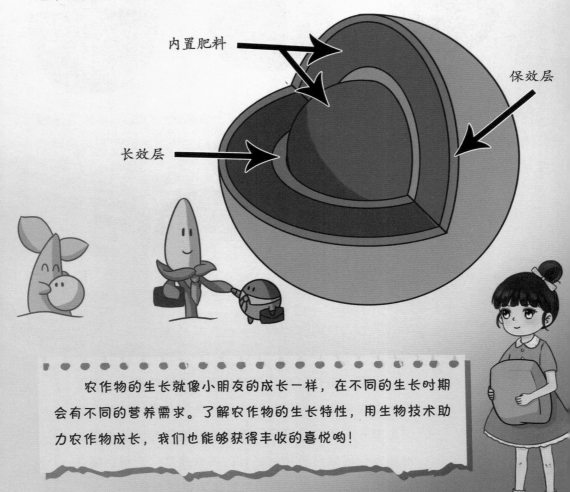

内置肥料

保效层

长效层

农作物的生长就像小朋友的成长一样，在不同的生长时期会有不同的营养需求。了解农作物的生长特性，用生物技术助力农作物成长，我们也能够获得丰收的喜悦哟！

生物净化让地球宝宝更加健康

　　这天，小华跟着王博士去野外采风，发现野外的溪水并不干净。小华担心地问道："有什么方法能够帮助地球重新变干净呢？"王博士说："利用生物净化技术，就能够安全有效地清洁地球环境。"

　　19 世纪 80 年代初，科学家就已经利用微生物来净化废水。20 世纪 50 年代开始，科学家开始研究如何使用生物净化技术净化废气。随着科学家对微生物和植物研究越来越深入，当前的生物净化技术已经形成一套成熟体系，在日常治理中展现出很好的效果。

让我们一起来看看吧！

生物净化技术

生物净化技术就是一种利用生物来改善环境的手段，主要利用微生物、植物甚至动物的代谢活动来减少环境中的污染物，使地球环境得到净化，当前这项技术主要用在污水治理方面。

净化水质

利用植物的代谢活动来净化水质，主要用在野外的大面积天然湖泊或人工湖，通常以种植芦苇、水葫芦、荷花等能够净化水质的植物为主，这些植物能吸收水中的重金属物质，从而达到净化水质的效果。

微生物也是净化水质的一把好手，芽孢杆菌、氨化细菌、硝化细菌、反硝化细菌等都是净水微生物大军的得力干将，芽孢杆菌是当前净化水质的主要外来菌。

动物净化水质主要通过在水体中投放河蚌、牡蛎等贝类以及草鱼等滤食性鱼类，它们在维持水质健康方面出力明显，能够控制水中藻类的数量，避免因悬浮有机颗粒过多和藻类徒长造成水体富营养化。

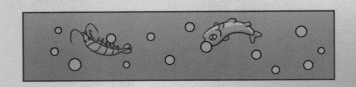

水体富营养化造成水体的含氧量下降，水中的鱼虾等失去氧气无法存活，长此以往，水中的生命体就无法生存，水体会发臭。

生物净化方式

生物净化环境具体涉及哪些科学知识呢?

种植净水植物来维持水质，不仅利用了植物可以吸附有害物的能力，而且水面上的植物能够有效遮挡太阳光对水体的照射，使得水里的水藻得不到充足的阳光，抑制其生长，避免因大规模水藻暴发污染水体。

利用微生物净化水质有三种常用方式，包括投放微生物制剂、固定化微生物技术、生物膜过滤法，科技人员会根据环境、水域面积、季节等因素确定相应的处理方式。

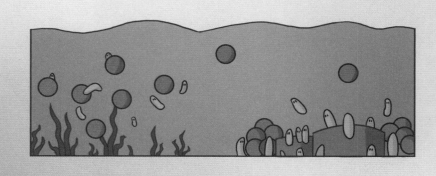

投放微生物制剂和固定化微生物技术都是利用微生物来分解水中的杂质、降解水中的污染物，以达到净化水质的目的。

生物膜过滤法主要是通过在滤材的表面培养微生物，使微生物的黏膜在滤材外侧形成一层能够分解有机物的生物膜，此方法能够有效降低水体中的氨氮等有机物。

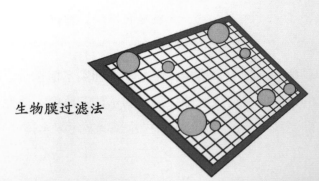

生物膜过滤法

水中生存的一些动物以水中的浮游生物和营养物质为生，在水中适量地投放一些河蚌、草鱼等，它们能够及时处理掉水中的悬浮颗粒。水中的杂质减少了，含氧量才能增加，水中的整体环境才更加适合动植物生存。

生物净化技术不仅能够帮地球"洗脸"，还能够帮助她做好深度清洁。如今，人类的活动给地球增添了许多负担。掌握更多的生物知识，我们才能够更好地养护地球。

转基因蛛丝不怕子弹打来

　　屋檐的蜘蛛网上困住了一只蝉，它在蜘蛛网上不停地抖动着翅膀，却还是无法挣脱蜘蛛网的束缚，并且它越挣扎蛛丝缠得越紧。

　　"小小的蜘蛛网究竟有多大的能耐？蝉挣扎得如此剧烈，蜘蛛网怎么还不破？"小华越看越感兴趣。

　　小华的疑惑被王博士一眼看穿，王博士说道："有一种蛛丝连子弹也无法打破哦！它就是转基因蛛丝！"

　　科学家们对蛛丝的研究由来已久，早在 18 世纪人类就用蛛丝制作了长筒袜和手套。2006 年，英国和美国的科学家采用转基因手段研发出柔软且韧性十足的转基因蛛丝。2018 年，中国上海的实验室研制出具有更高延展性的转基因蛛丝。

　　让我们一起来看看吧！

转基因蛛丝

蛛丝是蜘蛛用来捕猎的工具，蜘蛛并不是每天都要织新网，如果网破了它会首先选择修补，因此自然界中蛛丝的产量低、数量少。

为了提高蛛丝的产量，科学家们想到一个好方法，那就是利用转基因技术，让善于吐丝结茧的家蚕来生产蛛丝。

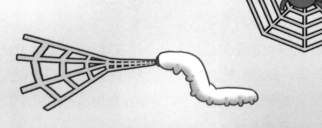

转基因技术使家蚕能吐蛛丝

蛛丝蛋白不怕热，在科学家的实验室里，蛛丝被加热到温度超过 300℃时才会开始变黄。将蛛丝进行化学实验，实验结果显示蛛丝的化学性质更让科学家惊喜，蛛丝只溶于浓硫酸、甲酸等，就连一向横行霸道的水解蛋白质的酶也奈何不了蛛丝蛋白。

300℃
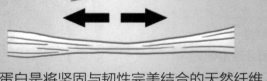

在力学领域，科学家们一致认为蛛丝蛋白是将坚固与韧性完美结合的天然纤维，如果我们慢慢地拉扯一根蛛丝，就会发现它能慢慢变成原长度的 1~1.5 倍。

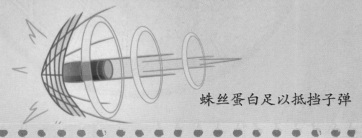

蛛丝蛋白足以抵挡子弹

蛛丝蛋白的柔韧性和强度足以抵挡子弹的力量，因此它被视为制作防弹衣最理想的材料。蛛丝蛋白在医学领域也被应用于制造人体关节的韧带、伤口缝合的可吸收线等。

获取转基因蛛丝方法

看到这里，想必你已经认识蛛丝啦！那么，我们究竟要如何才能获取蛛丝呢？

当前人工合成蛛丝的主要方式，包括利用转基因技术从微生物中获取蛛丝蛋白、利用转基因技术让蚕吐出蛛丝、利用转基因技术让植物大量生产蛛丝蛋白、利用转基因技术让动物产出大量蛛丝蛋白四种。

从微生物中获取蛛丝，科学家需要利用发酵的方法。科学家需要先将蛛丝的基因移植到进行发酵的微生物体内，发酵完成后，再将蛛丝蛋白分离出来。当前科学家主要使用大肠杆菌来完成这项工作。

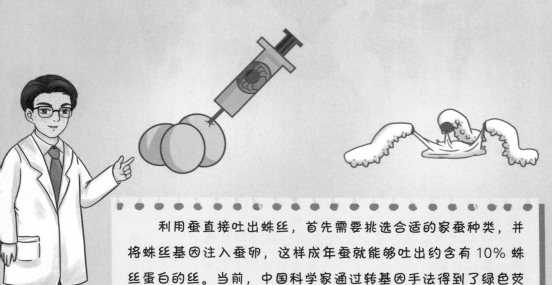

利用蚕直接吐出蛛丝，首先需要挑选合适的家蚕种类，并将蛛丝基因注入蚕卵，这样成年蚕就能够吐出约含有 10% 蛛丝蛋白的丝。当前，中国科学家通过转基因手法得到了绿色荧光蛛丝茧。

从植物中获取蛛丝蛋白可以降低成本，但是科学家的实验数据显示，将蛛丝蛋白基因接入植物基因组织后，植物蛋白中的蛛丝蛋白含量仅有 2% 左右。

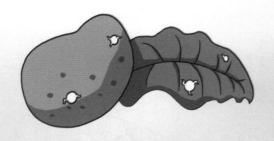

马铃薯与烟叶经转基因技术改良后也可以生产蛛丝蛋白，但蛛丝蛋白含量极低。

从动物体内获取蛛丝蛋白的技术，主要应用于可产奶的动物，将蛛丝基因转入奶牛、奶羊等动物体内，就能够从它们的奶中得到大量的蛛丝蛋白。

蛛丝基因

当前关于转基因蛛丝蛋白的实验研究在多国都已经有成果，掌握更多的生物科学知识，你也能够进入这些科学家的实验室与他们一起研究转基因蛛丝！

消防员能用到的再生皮肤

王博士带着小华和同学们一起去医院慰问受伤的消防员，小华看到消防员叔叔受伤的样子很是心疼。

走出医院，王博士告诉小华："消防员叔叔在医院会接受一系列的治疗，目前已经能够采用皮肤再生技术帮助受伤的消防员更好地恢复。"

皮肤再生技术在 20 世纪 50 年代进入人们的视野。20 世纪 90 年代末，科学家发现胚胎干细胞能够有效促进皮肤再生。2000 年时，科学家验证了保持创面湿润是皮肤再生的必要条件。

下面让我们一起了解一下这项技术吧！

皮肤再生

原位培养干细胞技术能够帮助受损伤的皮肤重新长出来，这种让烧伤部位组织细胞重新恢复到未受伤前的正常形态、结构、功能的过程就是医学上所说的皮肤再生。

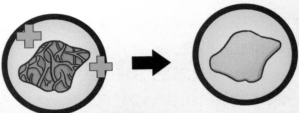

了解皮肤再生技术之前，我们必须先认识干细胞，这是一种具有持续增殖能力的正常细胞，通过科学家的培养能够分化产生子代细胞。

干细胞

为了让创面长出新皮肤，医生采取原位培养干细胞技术，让皮肤创面的健康成体细胞转化为皮肤再生需要的干细胞，对干细胞进行诱导培养，最终在创面部位形成大量组织细胞。

美宝湿润烧伤膏（MEBO）是一种以蜂蜡、麻油为主要成分且不含水的软性膏型药剂。大多数药物都能够在麻油中溶解，而蜂蜡天然就具有促进创口愈合的功效。这些特点使得细菌在平涂美宝湿润烧伤膏（MEBO）药剂的创面中无法繁殖生长。

美宝湿润烧伤膏（MEBO）药剂体积仅有 19 微米，挤占了细菌的生长空间，并且这种药剂含有的甾醇能够促使变异后的细菌毒性降低，从而无法引起创面感染。

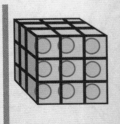

$19\,\mu m$

皮肤再生过程

下面让我们一起看看如何采用皮肤再生技术促进创面长出新皮肤吧！

一开始，我们需要清洁创面，在这个过程中要保留好活性组织且避免对受伤部位造成二次损伤。清理完成后，医生会采用药物激活皮肤再生能力，让创面开始恢复。

清洁创面并使用药物激活皮肤再生能力

后来，治疗进入日常护理阶段，医生需要帮助病人定时换药，创面在生长修复的过程中会产生大量的分泌物，这些分泌物需要同坏死组织一起被清理干净。

日常护理需要定时换药

在治疗时，医生需要选取皮肤再生的专用药品，主要是为了达到活血化瘀、去腐生肌的效果，目前在临床上常用的药物就具有这些性能。

在当前的皮肤再生技术中，最主要的一点就是需要为受伤部位的创面提供一个生理性湿润的环境，避免创面暴露在干燥环境后结痂，这是皮肤原位再生的关键要素。在保持生理性湿润的基础上，需要每隔 4 小时左右就在创面上覆盖一层药物，这样能够持续激活皮肤细胞的再生功能。

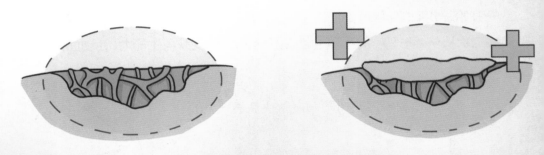

保持生理性湿润并定期覆盖药物

创面再生修复的过程中会发生水解反应、酶解反应、皂化反应、酸败反应，坏死的细胞组织最先通过水解反应破裂，继而引发酶解反应使这些坏死的组织变为液态。而后皂化反应和酸败反应共同进行且能够互相转化，在药剂中油性物质的加入下，坏死的液态物质逐渐排出。

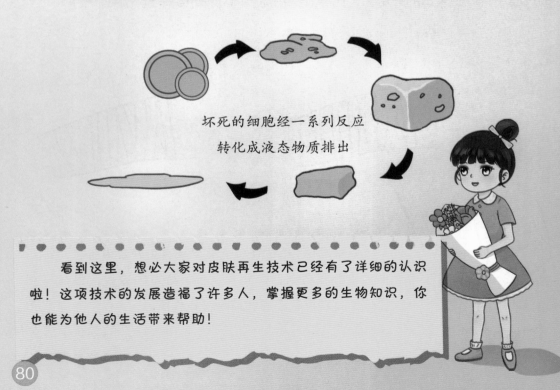

坏死的细胞经一系列反应
转化成液态物质排出

看到这里，想必大家对皮肤再生技术已经有了详细的认识啦！这项技术的发展造福了许多人，掌握更多的生物知识，你也能为他人的生活带来帮助！

高果糖浆的制作技术

王博士正带着小华做饼干，只见他将面粉搅拌均匀后，拿出一个瓶子，倒出了黏黏的浆状物。

"这是什么呢？"小华越看越好奇，王博士用筷子蘸了一点让她尝尝，她感觉味道甜丝丝的。

"这是高果糖浆，当我们制作饼干和果汁时，可以按比例添加进去，这样就能够改善食品的口味了。"

早在 20 世纪 50 年代，食品科学家就发现了高果糖浆，后来经过日本科学家的改良，高果糖浆能够被大规模生产出来。进入 21 世纪之后，高果糖浆已经被广泛应用于食品制造行业。

让我们一起来认识它吧！

葡萄糖异构酶

葡萄糖异构酶是一种能够将葡萄糖异构化成为高果糖浆的酶，在改变葡萄糖结构的过程中主要起催化作用，它容易被人体肠胃吸收。

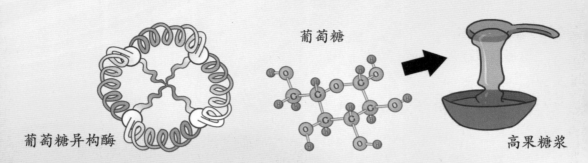

葡萄糖

葡萄糖异构酶

高果糖浆

有机化合物分子结构发生变化但分子量保持不变的过程被称为异构化，在这个过程中，催化剂会促使分子中原子或基团的位置发生改变。

我们需要获取足量的葡萄糖，第一步是获取糊精。当淀粉遇到淀粉酶，催化反应就会开始生成糊精。紧接着，糖化酶会找到糊精并将它变成葡萄糖。淀粉酶和糖化酶在这个过程中都扮演着催化剂的角色。

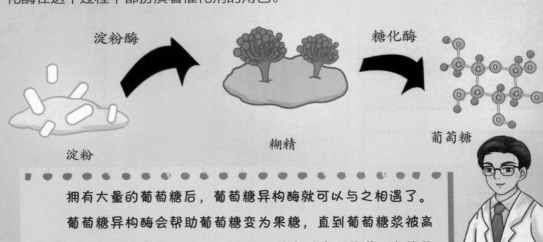

淀粉酶

糖化酶

淀粉

糊精

葡萄糖

拥有大量的葡萄糖后，葡萄糖异构酶就可以与之相遇了。

葡萄糖异构酶会帮助葡萄糖变为果糖，直到葡萄糖浆被高度异构化为果糖含量达到 70%~90% 的高浓度果糖浆，高糖果浆就制成了。

糊精是淀粉分子在转化过程中的一种产物，果糖就是这次反应的终极产物。

获取葡萄糖异构酶

我们如何获取葡萄糖异构酶呢？

一直以来，科学家大多从细菌、放线菌等微生物的产物中获取葡萄糖异构酶，也能够利用真菌获取葡萄糖异构菌。

细菌

放线菌

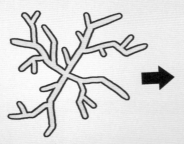

真菌

首先，我们需要对细菌样本进行预处理，并初步筛选出符合要求的细菌菌株，使用涂布平板法将它们转移到细菌培养皿中。

选取细菌菌株

形成菌落后，采用划线分离法提纯

经过一段时间的培养，细菌会在培养皿上形成菌落，此时我们需要采用平板划线分离法对培养出的细菌样本进行纯化处理。

纯化处理后，我们需要将菌株一一分配到专用的细菌培养基中培养 12 小时，使细菌菌株繁殖到一定数量并逐渐稳定后，将菌种以 10% 的接种量转入细菌发酵培养瓶中，摇瓶发酵培养 24 小时。

12 h   24 h

多次培养完成后，我们需要采用超声波破壁法得到细菌的酶液，并且测定所得酶液的活性情况，最终确定活性最好的酶属于哪个细菌菌株，再对该菌株大规模培养，以获取大量的葡萄糖异构酶。

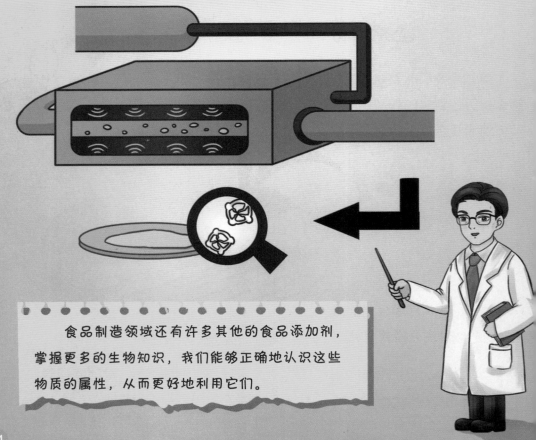

食品制造领域还有许多其他的食品添加剂，掌握更多的生物知识，我们能够正确地认识这些物质的属性，从而更好地利用它们。

转基因让粮食颗粒更饱满

王博士实验园里的玉米成熟了，它们都颗粒饱满、个头很大，小华想："难道王博士给这些玉米施加了特殊肥料？不然它们怎么都是颗粒饱满的呢？"

王博士拿起一根玉米，说道："它们之所以长得这么好，是因为它们不是普通玉米，而是采用了转基因技术改良过的转基因玉米。"

转基因技术在粮食生产中的应用十分广泛，从 20 世纪 80 年代开始不断发展。1983 年，美国科学家成功培育出世界上第一株转基因烟草植物。20 世纪 90 年代，转基因番茄开始在美国进行商业化种植。

进入 21 世纪以后，转基因食品的种植大面积增加，中国科学家在转基因水稻领域的研究水平位居世界前列。

让我们一起来看看究竟有哪些转基因粮食吧！

转基因粮食

转基因小麦是当前转基因粮食大军之一，为了解决普通小麦粉蛋白质含量不够高的问题，为获得适合烘焙的小麦粉，科学家使用转基因技术将高蛋白基因转入普通小麦植株。

转基因西红柿是科学家经过多年努力获得的新品种。科学家通过抑制普通西红柿植株基因中的部分酶基因，从而使西红柿果实更加强健。

转基因作物

转基因大豆主要用来提取转基因大豆油，科学家通过将大豆花叶病毒外壳蛋白质基因、抗除草剂基因移植入大豆植株，使大豆更适合大面积种植。

转基因技术
也可以提升
植物抗病性能

转基因水稻研究主要从抗病、改善植株性状等方面入手。有的科学家将抗二化螟、抗稻纵卷叶螟的基因植入水稻，提升了水稻抗病虫害性能；有的科学家运用转基因技术，获得的转基因水稻植株进行光合作用的能力远高于非转基因水稻。

转基因玉米的抗病性能很强，科学家将氯霉素乙酰转移酶、芽孢杆菌等基因导入玉米植株，获得的转基因玉米植株抗病性能强，病虫害少，结出的玉米个体均匀、颗粒饱满。

获取转基因粮食过程

转基因植物可以通过哪些方法获取呢？

花粉管通道法

培育转基因粮食的方法大致包括利用土壤中的农杆菌介导转化获取转基因植株、向授粉子房注入目的基因的 DNA（脱氧核糖核酸）溶液的花粉管通道法等。

农杆菌

转基因大豆植株、转基因小麦植株、转基因水稻植株等粮食植株母本，可利用农杆菌介导的方式获取，科学家将目标基因导入大豆、小麦、水稻植株内，提高植株的抗除草剂、抗病毒能力，并获取转基因植株种子，使它们能够商业化量产。

微玻璃针注射

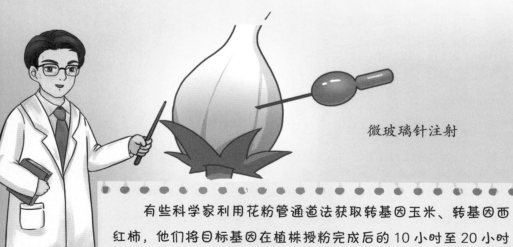

有些科学家利用花粉管通道法获取转基因玉米、转基因西红柿，他们将目标基因在植株授粉完成后的 10 小时至 20 小时内，利用微玻璃针注入植株子房，获取转基因植株。

子房是植物结出种子的重要部位，位于花朵雌蕊的下部，看起来像个小疙瘩。当蜜蜂将雄蕊的花粉带到雌蕊柱头上后，经过柱头黏液的作用，雄蕊的花粉会与子房内的胚珠相遇，胚珠经过一定时间的发育形成果实。

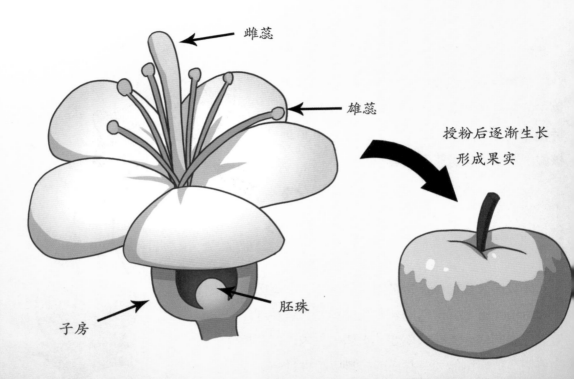

雌蕊

雄蕊

授粉后逐渐生长
形成果实

子房

胚珠

DNA（脱氧核糖核酸）是细胞内的一种非常神奇的生物大分子，它能够传递遗传信息，有了它，生物才能健康发育。

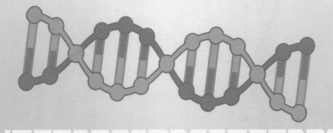

转基因粮食是人类解决粮食危机的法宝，科学家们利用转基因技术弥补植物自身基因的缺陷，使得这些农作物更加适合商业化种植。掌握更多的生物知识，我们才能帮助人类在地球上更好地生存。

生物能源不是废料

秋天到了，王博士实验园里的农作物都收割完了，将果实收集完后，小华准备将秸秆等废料都扔到垃圾桶里，王博士赶忙去阻止小华。

"小华你知道吗？这些植物的秸秆还能再利用呢！"王博士笑盈盈地说。小华疑惑极了，难道还能将它们再种回土里结出新果实？其实，这些植物的秸秆、叶子都可以作为制作生物燃料的原材料。

早在 20 世纪 70 年代，能源问题就成了各国重点关注的问题，生物能源成为人类走出能源危机的突破点。

21 世纪之后，生物能源技术已经有了突破性发展，人和动物的排泄物、植物秸秆能够作为燃料的原材料，植物秸秆中的有机物可以作为动物饲料，地球的资源被更加有效利用起来。

让我们一起来看看吧！

生物质

植物秸秆中含有大量碳水化合物、蛋白质、脂肪等营养物质，它们可以被打碎制作成动物饲料，改变了过去将植物秸秆直接就地燃烧的不环保做法。它们经过动物肠胃的消化变成动物排泄物，还能够再次被利用。

饲料
燃料
秸秆与枯叶
等生物质
发电

动物的排泄物、植物的叶子、秸秆等能够为微生物提供发酵过程中所需的能量，被微生物分解，产生沼气作为清洁燃料使用。

秸秆等生物质还能用于发电，主要是将它们中的有机物经过处理并燃烧，利用发电机将热能转换为电能，从而使生物质的利用率大大提升。

乙醇

柴油

生物质还能够用于制造乙醇，当前玉米秸秆被广泛用于乙醇制造，主要是因为玉米秸秆中含有大量纤维素，提取这些纤维素是能够制造出乙醇的关键。

运用生物催化技术，利用秸秆提炼出生物柴油也是当前科学家着迷的课题。这种方法主要利用秸秆含有的碳水化合物加上微生物的分解作用，从而获得生物油脂。

获取生物能源方式

获取生物能源主要会用到哪些方法呢?

以农林牧渔业废料、城市生活垃圾等为原材料制取的生物能源的方式,主要包括生物质发酵制取沼气、生物质制氢、生物质制取柴油、生物质制取乙醇等,属于可再生绿色能源的获取方法。

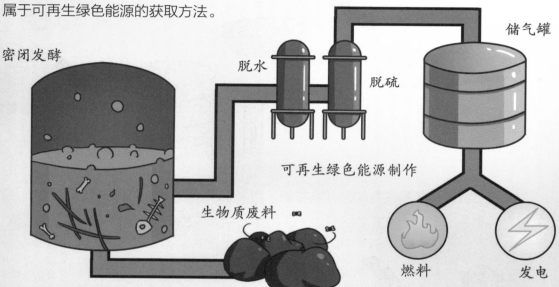

密闭发酵　脱水　脱硫　储气罐

可再生绿色能源制作

生物质废料

燃料　发电

利用生物质制取沼气需要搭建沼气池,获取的沼气能够作为燃气,用来做饭、烧水、供暖等。制取沼气需要大量的微生物参与,生物质被分解后可以作为农作物肥料被利用。

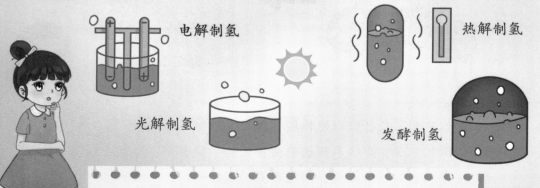

电解制氢　热解制氢

光解制氢　发酵制氢

生物质制氢主要采用电解制氢、光解制氢、热解制氢、发酵制氢等方法,在制氢过程中有大量细菌和微藻加入,包括红螺菌、发酵菌、蓝细菌、固氮菌等。

生物质制取柴油主要以厨余废油脂、植物油脂、动物油脂等为原材料，经过过滤、震荡等多段式处理手段，确保杂质完全去除。然后按比例在反应罐中加入甲醇，混合后在 70℃ 左右的高温高压环境下充分反应。

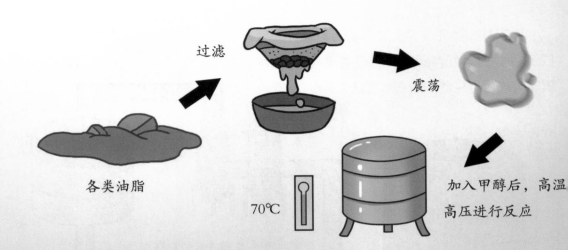

过滤

震荡

各类油脂

70℃

加入甲醇后，高温高压进行反应

生物质制取乙醇主要的原料是甘蔗、甜高粱和木薯等纤维素含量高的植物，通过对纤维素、半纤维素等多糖的预处理，酵母菌能够进行发酵反应，从而产生乙醇。

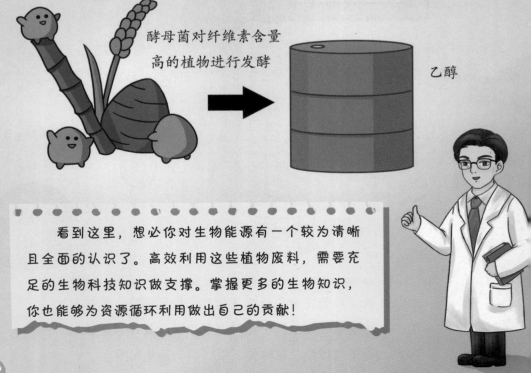

酵母菌对纤维素含量高的植物进行发酵

乙醇

看到这里，想必你对生物能源有一个较为清晰且全面的认识了。高效利用这些植物废料，需要充足的生物科技知识做支撑。掌握更多的生物知识，你也能够为资源循环利用做出自己的贡献！